Pavithra M
Ramya Govindaraj

Aprendizagem automática para principiantes

Pavithra M
Ramya Govindaraj

Aprendizagem automática para principiantes

ScienciaScripts

Cover image: www.ingimage.com

This book is a translation from the original published under ISBN 978-620-7-48368-6.

Publisher:
Sciencia Scripts
is a trademark of
Dodo Books Indian Ocean Ltd. and OmniScriptum S.R.L publishing group

120 High Road, East Finchley, London, N2 9ED, United Kingdom
Str. Armeneasca 28/1, office 1, Chisinau MD-2012, Republic of Moldova, Europe
Printed at: see last page
ISBN: 978-620-8-11094-9

TABELA DE MATERIAIS

1. Inteligência Artificial:

A tecnologia conhecida como Inteligência Artificial (IA) permite que os computadores e outros dispositivos imitem o intelecto humano e a sua capacidade de resolver problemas. Por si só ou associada a várias tecnologias (por exemplo, sensores, geolocalização, robôs), a IA pode realizar actividades que normalmente exigiriam a inteligência ou a assistência humanas. Alguns exemplos de IA nas notícias e na nossa vida quotidiana são os assistentes digitais, a navegação GPS, os automóveis sem condutor e as ferramentas geradoras de IA (como o Open AI Chat GPT).

A inteligência artificial é um ramo da ciência informática que inclui a aprendizagem automática e a aprendizagem profunda, sendo frequentemente discutida em conjunto com estas. Nestes campos, os algoritmos de inteligência artificial (IA) que imitam os processos humanos de tomada de decisões são desenvolvidos com a capacidade de "aprender" com os dados disponíveis e produzir previsões e categorizações progressivamente mais fiáveis ao longo do tempo. Apesar dos vários ciclos de propaganda em torno da inteligência artificial, até os detractores parecem concordar que o lançamento do Chat-GPT representa uma mudança radical. Da última vez que a IA generativa foi tão significativa, os avanços na visão computacional lideraram o caminho; desta vez, o processamento de linguagem natural (PNL) está a liderar o caminho.

Para além da linguagem humana, a IA generativa tem a capacidade de aprender e sintetizar muitos tipos de dados, como fotografias, vídeos, código informático e também estruturas moleculares. As utilizações da IA estão a expandir-se diariamente. No entanto, à medida que cresce o entusiasmo em torno da aplicação das tecnologias de IA nas empresas, os debates sobre a IA responsável e a ética da IA tornam-se vitalmente relevantes.

1.1. Tipos de inteligência artificial: IA fraca vs. IA forte

A inteligência artificialmente restrita (IAN), também designada por IA fraca, é a IA que foi educada e direcionada para a realização de tarefas específicas. A maior parte da IA existente atualmente é alimentada por IA fraca. Uma vez que este tipo de IA alimenta algumas aplicações altamente poderosas, incluindo o Siri da Apple, o Alexa da Amazon, o IBM WatsonxTM e os automóveis autónomos, "estreita" poderia ser uma descrição melhor.

A inteligência artificial geral (AGI) e a superinteligência artificial (ASI) constituem a IA forte. A inteligência artificial geral, ou AGI, é um ramo especulativo da IA em que uma máquina é dotada de inteligência ao nível humano. Esta máquina seria autoconsciente, teria consciência e seria capaz de resolver problemas, aprender e fazer planos para o futuro. A superinteligência, ou ASI, seria mais inteligente e capaz do que o cérebro humano. Embora não existam atualmente exemplos funcionais de IA forte, esta continua a ser puramente teórica, mas isso não impede os académicos de estudarem o seu desenvolvimento.

Relativamente ao futuro da IA, espera-se que os modelos de fundação acelerem significativamente a implantação da IA nas empresas, em especial no que diz respeito à IA generativa. A redução dos requisitos de rotulagem facilitará a entrada das empresas neste domínio e permitirá que um maior número de empresas utilize a IA num leque mais vasto de cenários de missão crítica através de uma automatização altamente precisa e eficiente baseada na IA.

2. Aprendizagem automática:

Um elemento essencial da disciplina em expansão da ciência dos dados é a aprendizagem automática (AM). Os algoritmos são normalmente instruídos para produzir previsões ou classificações e para encontrar informações importantes em projectos de extração de dados utilizando técnicas estatísticas. Subsequentemente, estes conhecimentos informam as decisões comerciais e de aplicação, que, idealmente, influenciam métricas de crescimento importantes. O âmbito dos futuros cientistas de dados irá aumentar à medida que os grandes volumes de dados continuarem a crescer e a espalhar-se. Terão de ajudar a determinar quais os inquéritos comerciais mais pertinentes e que informações são necessárias para os resolver.

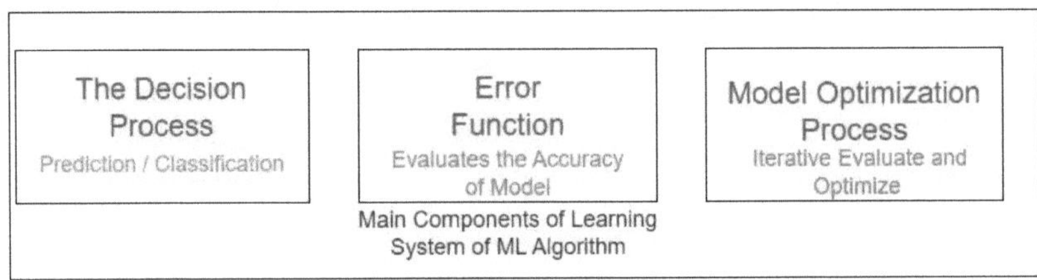

Fig. 1. Principais componentes do sistema de aprendizagem do algoritmo de ML

O sistema de aprendizagem de um algoritmo de aprendizagem automática divide-se em três componentes principais:

1. O processo de decisão:

As técnicas de aprendizagem automática são normalmente aplicadas a tarefas de categorização ou de previsão. Uma estimativa do padrão de dados seria gerada pelo algoritmo com base em determinados dados de entrada, que podem ou não ser rotulados.

2. A função de erro:

Uma função de erro avalia a previsão do modelo. Esta função de erro pode comparar exemplos conhecidos para avaliar a correção do modelo.

3. O processo de otimização de modelos:

Os pesos são alterados para diminuir a diferença entre a estimativa do modelo e o exemplo conhecido, se o modelo se ajustar melhor aos pontos de dados do conjunto de treino. Este procedimento cíclico de "avaliação e otimização" será repetido pelo algoritmo, que actualizará os pesos por si próprio até ser atingido um nível de precisão.

3. Aprendizagem profunda:

A aprendizagem profunda é um ramo da aprendizagem automática que imita as capacidades intrincadas de tomada de decisões do cérebro humano utilizando redes neuronais multicamadas, ou redes neuronais profundas. A maior parte da inteligência artificial para a vida quotidiana é alimentada pela aprendizagem profunda de uma forma ou de outra.

Uma rede neuronal com três ou mais camadas é designada por DNN - Deep Neural Network (rede neuronal profunda). Na prática, a maioria das DNN tem muito mais camadas. Para identificar e categorizar ocorrências, detetar padrões e relações, avaliar possibilidades e chegar a previsões e julgamentos, as DNN são treinadas com grandes volumes de dados.
Uma rede neural profunda tem muitas camadas que ajudam a melhorar e otimizar as previsões e os julgamentos feitos por uma rede neural de camada única, resultando em previsões e decisões mais precisas.

Numerosos serviços e aplicações que aumentam a automatização e realizam operações físicas e analíticas sem a necessidade de participação humana são alimentados pela aprendizagem profunda. Esta tecnologia está na base de bens e serviços de uso corrente, como os comandos de TV activados por voz, os assistentes digitais e a utilização fraudulenta de cartões de crédito, bem como de inovações recentes, como a IA generativa e os automóveis autónomos.

3.1 Funcionamento da aprendizagem profunda:

As redes neuronais artificiais, também conhecidas como redes neuronais de aprendizagem profunda, utilizam uma combinação de pesos, enviesamentos e entradas de dados para simular o funcionamento do cérebro humano. Em conjunto, estes componentes permitem uma identificação, classificação e descrição precisas dos itens nos dados.

As redes neuronais profundas são constituídas por várias camadas de nós ligados, cada uma das quais se baseia na anterior para melhorar e otimizar a classificação ou previsão. Propagação progressiva é o termo utilizado para descrever esta evolução da rede baseada em computação.

As camadas visíveis numa rede neural profunda são as camadas de entrada e de saída. A última previsão ou categorização é efectuada na camada de saída, depois de o modelo de aprendizagem profunda ter processado os dados na camada de entrada.

Num procedimento adicional conhecido como retropropagação, o modelo é treinado calculando primeiro os erros de previsão utilizando métodos como a descida do gradiente. Os pesos e as polarizações da função são então modificados retrocedendo através das camadas. Uma rede neuronal pode efetuar previsões e ajustar os erros utilizando simultaneamente a retropropagação e a retropropagação. O algoritmo melhora continuamente a sua precisão ao longo do tempo.

Nas palavras mais simples possíveis, o que se disse acima representa o tipo mais básico de rede neural profunda. Mas as técnicas de aprendizagem profunda são muito complicadas e são utilizadas várias formas de redes neuronais para diferentes tipos de problemas ou conjuntos de dados.

CNN: A CNN pode identificar caraterísticas e padrões numa imagem, permitindo tarefas como a deteção ou o reconhecimento de objectos. É largamente utilizada em aplicações de visão por computador e de categorização de imagens. Pela primeira vez, em 2015, uma CNN derrotou a presença de um ser humano numa tarefa de identificação de objectos.

RNN: Como as RNNs podem utilizar dados sequenciais ou de séries temporais, são frequentemente utilizadas em aplicações relacionadas com o reconhecimento de voz e de linguagem natural.

4. Relação entre IA, ML e DL:

Dada a frequência com que a aprendizagem profunda e a aprendizagem automática são utilizadas indistintamente, é importante compreender as suas diferenças. A inteligência artificial engloba o domínio da aprendizagem automática e da aprendizagem profunda, bem como as redes neuronais como seus subdomínios. Mas, na realidade, a aprendizagem profunda pode ser resumida em redes neuronais e as redes neuronais podem ser resumidas em aprendizagem automática.

O método de aprendizagem de cada algoritmo é a diferença entre a aprendizagem profunda e a aprendizagem automática. Os conjuntos de dados rotulados, normalmente designados por aprendizagem supervisionada, são uma ferramenta útil para os algoritmos de aprendizagem automática "profunda", mas nem sempre são necessários.

Os dados brutos e não estruturados, como texto ou fotografias, podem ser ingeridos pelo processo de aprendizagem profunda, que também pode identificar automaticamente o conjunto de caraterísticas que diferenciam várias categorias de dados entre si. Isto permite utilizar uma grande quantidade de dados e reduz a necessidade de alguma interação humana.

O processo de aprendizagem da aprendizagem automática clássica, "não profunda", depende em grande medida do contributo humano. É determinado o conjunto de atributos que os especialistas humanos necessitam para distinguir entre diferentes entradas de dados; frequentemente, isto requer dados mais bem organizados para aprender.

Os tipos de dados que a aprendizagem profunda utiliza e a forma como aprende distinguem-na da aprendizagem automática tradicional. Para gerar previsões, os algoritmos de aprendizagem automática utilizam dados estruturados e rotulados, que são caraterísticas definidas e organizadas em tabelas a partir dos dados de entrada do modelo. Isto não quer dizer que não utilize dados não estruturados; apenas indica que, no caso de o fazer, é normalmente utilizado o pré-processamento para organizar os dados de forma estruturada.

Uma parte do pré-processamento de dados que é normalmente necessária para a aprendizagem automática é eliminada pela aprendizagem profunda. Estes algoritmos automatizam a extração de caraterísticas, reduzindo a necessidade de especialistas humanos, e podem ingerir e tratar dados não estruturados, como texto e fotografias. Os algoritmos de aprendizagem profunda são capazes de identificar quais as caraterísticas - como as orelhas, por exemplo - que são mais cruciais para diferenciar uma espécie de outra. Esta hierarquia de caraterísticas na aprendizagem automática é criada à mão por um especialista humano.

O algoritmo de aprendizagem profunda afina-se e adapta-se para obter precisão utilizando técnicas de retropropagação ou de descida de gradiente, o que lhe permite prever o comportamento de um animal numa nova fotografia com maior precisão.

As diferentes formas de aprendizagem, normalmente classificadas como aprendizagem supervisionada, aprendizagem não supervisionada e aprendizagem por reforço, também podem ser realizadas utilizando modelos de aprendizagem automática e aprendizagem profunda. Os conjuntos de dados rotulados são utilizados na aprendizagem supervisionada para classificar ou prever; a rotulagem exacta dos dados de entrada requer a participação humana. A aprendizagem não supervisionada, por outro lado, agrupa os dados de acordo com quaisquer caraterísticas únicas que encontre nos dados, identificando padrões em vez de exigir conjuntos de dados rotulados. Através do processo de aprendizagem por reforço, um modelo tem a capacidade de maximizar a recompensa, tornando-se mais preciso na conclusão de uma tarefa na situação com base no feedback.

5. Aplicação da Inteligência Artificial Combinada:

Reconhecimento de voz:

Esta funcionalidade, que também é conhecida pelos nomes de conversão de voz em texto, reconhecimento de voz por computador e reconhecimento automático de voz (ASR), utiliza o processamento de linguagem natural (PNL) para converter o discurso humano falado em inglês escrito. O reconhecimento de voz é uma funcionalidade que muitos dispositivos móveis incorporaram nos seus sistemas para permitir a pesquisa por voz (como o Siri) ou aumentar a acessibilidade das mensagens.

Serviço ao cliente

A jornada do cliente está a assistir a uma mudança na forma como vemos a ligação com o consumidor através de sites online e plataformas sociais, à medida que os chat-bots online tomam o lugar dos agentes humanos. Os chat-bots podem oferecer aconselhamento individualizado, fazer vendas cruzadas de produtos, recomendar tamanhos para os clientes e responder a perguntas frequentes (FAQs) sobre assuntos como o envio. Os exemplos incluem chat-bots no Facebook Messenger e no Slack, agentes virtuais em sítios de comércio eletrónico e tarefas frequentemente desempenhadas por assistentes de voz e virtuais.

Visão computacional:

Com a utilização da inteligência artificial (IA), os computadores podem agora reconhecer e processar informações significativas de fotografias digitais, filmes e outros dados visuais antes de actuarem de forma adequada. As redes neuronais convolucionais são o motor da visão computacional, que é utilizada nos automóveis de condução autónoma do sector automóvel, na imagiologia radiológica nos cuidados de saúde e na marcação de fotografias nas redes sociais.

Motores de recomendação:

Os algoritmos de IA podem ajudar a identificar tendências de dados que podem ser utilizadas para criar planos de vendas cruzadas mais bem sucedidos, utilizando dados históricos do comportamento dos consumidores. As lojas em linha utilizam motores de recomendação para fornecer aos clientes recomendações de produtos relevantes quando estão a efetuar o check-out.

6. Regressão Linear:

Uma técnica de aprendizagem automática supervisionada denominada regressão linear determina a ligação linear entre uma variável dependente e uma ou mais caraterísticas independentes. A regressão linear multivariada é utilizada quando existem várias caraterísticas independentes; a regressão linear univariada é utilizada quando existe apenas uma caraterística independente.

6.1.1 Importância da Regressão Linear:

Uma vantagem significativa da aplicação da regressão linear é a sua interpretabilidade. Para ajudar a uma compreensão mais profunda da dinâmica subjacente, a equação do modelo apresenta coeficientes distintos que ilustram claramente os efeitos de cada variável dependente sobre a variável dependente. A sua simplicidade é uma vantagem porque a regressão linear é direta, simples de utilizar e fornece os blocos de construção para algoritmos mais complexos

A regressão linear não só é uma ferramenta de previsão, como também serve de base a muitos modelos mais complexos. A utilidade da regressão linear é aumentada por métodos como as máquinas de vectores de apoio e a regularização. Além disso, uma ferramenta fundamental no teste de hipóteses, a regressão linear permite aos investigadores verificar hipóteses importantes relativamente aos dados.

6.1.2 Tipos de Regressão Linear

Regressão Linear Simples

Com apenas uma variável não correlacionada e uma variável relacionada, este é o tipo mais básico de regressão linear.

Regressão Linear Múltipla

Nesta situação, existem múltiplas variáveis independentes e uma variável dependente:

6.1.2 A linha de melhor ajuste:

O objetivo do algoritmo é identificar a equação de Fit Line óptima que utiliza as variáveis independentes para prever os valores.

A análise de regressão utiliza um conjunto de registos com valores X e Y para aprender uma função. Esta função pode então ser aplicada para prever Y a partir de X desconhecido. Para obter o valor de Y numa regressão, dado X como as suas próprias caraterísticas, é necessária uma função que preveja continuamente Y.

Encontrar a linha de melhor ajuste é o nosso principal objetivo quando utilizamos a regressão linear, o que sugere que o erro entre os valores previstos e reais deve ser o mais pequeno possível. A linha de melhor ajuste terá a menor quantidade de imprecisão. A relação entre as variáveis dependentes e independentes é representada por uma linha reta na equação da linha de melhor ajuste. A quantidade de variação da variável dependente para uma alteração unitária na(s) variável(eis) independente(s) é indicada pelo declive da reta.

6.1.3 Gradiente Descendente para Regressão Linear

A descida de gradiente é uma abordagem de otimização que pode ser utilizada para treinar um modelo de regressão linear, alterando iterativamente os parâmetros do modelo para reduzir o erro quadrático médio (MSE) do modelo num conjunto de dados de treino. O Gradient Descent é utilizado pelo modelo para atualizar os parâmetros θ1 e θ2 de modo a minimizar a função de custo e obter a linha de melhor ajuste. O objetivo é atualizar os valores iterativamente até se atingir o custo mínimo, começando com valores aleatórios para θ1 e θ2. Um gradiente é uma derivada que caracteriza a forma como uma pequena quantidade de variação de entrada afecta as saídas da função.

6.1.4 Pressupostos da Regressão Linear Simples

Embora seja um instrumento útil para compreender e prever o comportamento de uma variável, a regressão linear requer alguns pré-requisitos para ser uma resposta fiável e precisa.

6.1.4.1 Linearidade: A relação entre as variáveis independentes e dependentes é linear. Isto sugere que existe uma relação linear entre as alterações na(s) variável(eis) independente(s) e as alterações na variável dependente. Isto indica que deve ser possível traçar uma linha reta entre cada ponto de dados. A regressão linear não é um modelo exato se a relação se tornar não linear.

As observações do conjunto de dados não estão relacionadas umas com as outras. Isto indica que o valor da variável dependente para uma observação é independente do valor da variável dependente para outra. Um modelo derivado da regressão linear não seria exato se os seus resultados não fossem independentes.

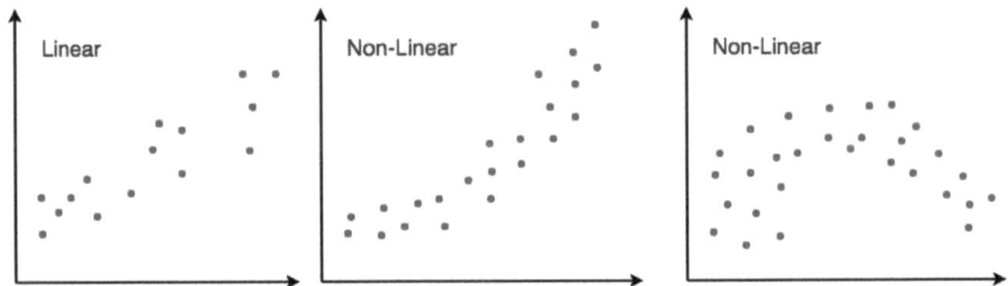

6.1.4.2 Independência:

A variância dos erros é consistente em todos os níveis da variável ou variáveis independentes. Isto sugere que a variância dos erros é independente da magnitude da(s) variável(eis) independente(s). O modelo de regressão linear não será exato se a variância dos resíduos não for constante.

6.1.4.3 Homocedasticidade: A variância dos erros é consistente em todos os níveis da variável ou variáveis independentes. Isto sugere que a variância dos erros é independente da magnitude da(s) variável(eis) independente(s). O modelo de regressão linear não será exato se a variância dos resíduos não for constante.

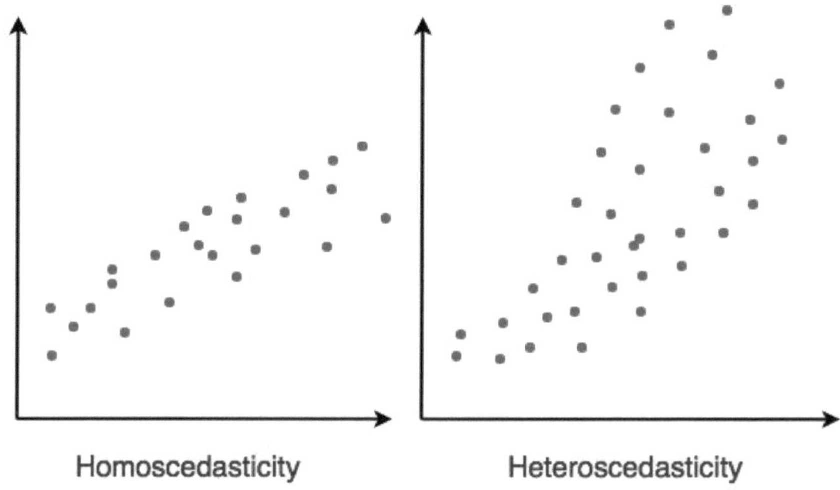

Homoscedasticidade na regressão linear

6.1.4.4 Normalidade: Deve ser observada uma distribuição normal nos resíduos. Isto implica que os resíduos devem seguir uma curva em forma de sino. A regressão linear não é um modelo exato se os resíduos não estiverem normalmente distribuídos.

6.1.5 Pressupostos da Regressão Linear Múltipla

Todos os quatro pressupostos da regressão linear básica também se aplicam à regressão linear múltipla. Para além disso, são enumerados mais alguns abaixo.

Sem multicolinearidade: Não existe uma forte correlação entre as variáveis independentes. Isso sugere que as variáveis independentes têm pouca ou nenhuma associação entre si. Quando duas ou mais variáveis independentes têm uma forte correlação entre si, isso é conhecido como multicolinearidade, e pode ser difícil isolar os efeitos exclusivos de cada variável sobre a variável dependente. Um modelo de regressão linear múltipla não será exato se existir multicolinearidade.

Aditividade: O modelo parte do pressuposto de que, independentemente do valor de outras variáveis, as alterações numa variável preditora terão sempre o mesmo impacto na variável resposta. De acordo com este pressuposto, não existe qualquer interação entre as influências das variáveis na variável dependente.

Seleção de caraterísticas: É crucial escolher as variáveis independentes para o modelo de regressão linear múltipla com muito cuidado. A adição de variáveis supérfluas ou irrelevantes pode causar um sobreajuste e dificultar a compreensão do modelo.

Sobreajuste: Quando um modelo se ajusta aos dados de treino de forma suficientemente aproximada, diz-se que está a ser sobreajustado e capta ruído ou alterações não planeadas que não reflectem com precisão a ligação básica genuína entre as variáveis. Este facto pode resultar num fraco desempenho de generalização em dados novos e não testados.

6.1.6 Multicolinearidade

Um fenómeno estatístico conhecido como multicolinearidade ocorre quando muitas variáveis independentes do modelo de regressão múltipla têm um elevado grau de correlação entre si, o que torna difícil avaliar as contribuições relativas de cada variável para a variável dependente.

6.1.7 A deteção da multicolinearidade inclui duas técnicas:

Matriz de correlação: Um método popular para identificar a multicolinearidade é examinar a matriz de correlação entre as variáveis independentes. Correlações fortes (cerca de +1 ou -1) sugerem a possibilidade de multicolinearidade.

VIF (Fator de inflação da variância): O fator de inflação da variância (VIF) mede o quanto a correlação entre os seus preditores aumenta a variância do coeficiente de regressão previsto. Normalmente acima de 10, um VIF elevado indica multicolinearidade.

6.1.8 Aplicações da Regressão Linear

As finanças, a economia, a psicologia e outras disciplinas utilizam a regressão linear para analisar e prever o comportamento de variáveis específicas. Por exemplo, no sector financeiro, a regressão linear pode ser utilizada para prever o valor futuro de uma moeda com base no seu desempenho histórico ou para compreender a relação entre o preço das acções de uma empresa e os lucros.

6.1.9 Vantagens e Desvantagens da Regressão Linear

Vantagens da Regressão Linear

- Uma vez que a regressão linear é uma técnica comparativamente básica, é fácil de compreender e utilizar. A compreensão das relações entre variáveis pode ser obtida através da interpretação dos coeficientes do modelo de regressão linear como uma alteração na variável dependente para uma alteração unitária na variável independente.

- A regressão linear é um método computacionalmente eficiente que funciona bem com grandes conjuntos de dados. Pode ser treinado rapidamente em grandes conjuntos de dados, o que o qualifica para aplicações em tempo real.

- Quando comparada com outras técnicas de aprendizagem automática, a regressão linear é comparativamente resistente a valores atípicos. O efeito dos valores anómalos no desempenho do modelo como um todo pode ser menor.

- Um modelo de base decente para comparação com métodos de aprendizagem automática mais complexos é frequentemente fornecido pela regressão linear.

- Um algoritmo amplamente utilizado com uma longa história, a regressão linear pode ser encontrada em muitos pacotes de software e bibliotecas de aprendizagem automática.

Desvantagens da Regressão Linear

- Presume-se que tanto as variáveis dependentes como as independentes numa regressão linear têm uma relação linear. O modelo não pode funcionar eficazmente se a relação for ou não linear.

- Quando existe uma forte correlação entre as variáveis independentes, surge a multicolinearidade, e a regressão linear é suscetível a esta situação. As previsões instáveis do modelo podem resultar da multicolinearidade, que pode aumentar a variância dos coeficientes.

- A premissa subjacente à regressão linear é que as caraterísticas já estão formatadas para se adaptarem ao modelo. Para converter as caraterísticas num formato que o modelo possa utilizar eficazmente, pode ser necessário recorrer à engenharia de caraterísticas.

- Existe um risco de sub e sobreajuste na regressão linear. Quando um modelo aprende demasiado bem o conjunto de treino e é incapaz de generalizar para novos dados, isto é conhecido como sobreajuste. Quando um modelo é demasiado básico para representar adequadamente as relações subjacentes nos dados, ocorre o subajustamento.

- A regressão linear tem um poder explicativo limitado para interações complexas entre variáveis. Poderão ser necessários métodos de aprendizagem automática mais sofisticados para obter uma compreensão mais profunda.

6.2 Regressão logística:

Para problemas de classificação em que o objetivo é prever a probabilidade de uma determinada instância corresponder ou não a uma classe específica, uma abordagem de aprendizagem automática supervisionada que é utilizada é a chamada regressão logística. Um método estatístico chamado regressão logística examina a ligação entre dois elementos de dados. Utilizando a função sigmoide, que aceita a entrada como variável independente e produz uma probabilidade que varia entre 0 e 1, a regressão logística é utilizada para a classificação binária.

A título de exemplo, existem duas classes: Classe 0 e 1. Uma entrada é classificada como Classe 1 ou Classe 0 se o valor da função logística para ela for superior ao valor limite de 0,5. Como é uma continuação da regressão linear e é aplicada principalmente a problemas de classificação, é conhecida como regressão.

- Com a regressão logística, o resultado de uma variável dependente que é categórica é previsto. Como resultado, um valor discreto ou de categoria deve ser o resultado.
- Em vez de fornecer os valores exactos, que são 0 e 1, fornece valores probabilísticos que se situam entre 0 e 1. Pode ser Sim ou Não; 0 ou 1; verdadeiro ou falso.
- Na regressão logística, a função logística estruturada em "S" é fixa, o que indica dois valores máximos, em vez de uma reta de regressão (0 ou 1).

6.2.1 Função logística - Função sigmoide

- É utilizada uma função matemática denominada função sigmoide para converter valores esperados em probabilidades.
- Converte qualquer número real entre 0 e 1 num outro valor. O resultado da regressão logística deve situar-se entre 0 e 1 e, como não pode ser superior a este valor, assume a forma de uma curva em "S".
- A função logística ou a função sigmoide são outros nomes para a curva em forma de S.
- A ideia do limiar, que indica a probabilidade de 0 ou 1, é utilizada na regressão logística. Por exemplo, os valores que excedem o limiar tendem para um, e os que estão abaixo do limiar tendem para zero.

6.2.3 Tipos de regressão logística

Foi possível distinguir três formas de regressões logísticas com base nas categorias.

Binomial: Existem apenas duas formas concebíveis de variáveis dependentes na regressão logística binomial, de tal forma que 0/1 ou Passa/Falha..,

Multinomial: A variável dependente das regressões logísticas multinomiais pode ser uma de três categorias diferentes não ordenadas, como "ovelhas" "cães" "gatos".

Ordinal: Na regressão logística ordinal, é possível conceber três ou mais tipos ordenados de variáveis dependentes, como "baixo", "médio" ou "alto".

6.2.4 Pressupostos da regressão logística

Os pressupostos da regressão logística são examinados, uma vez que é crucial compreender estes pressupostos para garantir que o modelo está a ser aplicado corretamente. Entre os pressupostos estão

Observações independentes: Cada observação é autónoma em relação às outras, indicando que não existe qualquer relação entre as variáveis fornecidas.

Variáveis dependentes binárias: Baseia-se na ideia de que a variável dependente só pode ter dois valores possíveis, ou que deve ser binária ou dicotómica. As funções SoftMax são utilizadas para mais de duas categorias. Baseia-se na ideia de que a variável dependente só pode ter dois valores possíveis, ou que deve ser binária ou dicotómica. As funções SoftMax são utilizadas em mais de duas categorias.

Linearidade entre as probabilidades logarítmicas e os factores independentes: Deve existir uma relação linear entre as variáveis independentes e as probabilidades logarítmicas da variável dependente.

Sem valores anómalos: O conjunto de dados não deve conter quaisquer valores anómalos.

Amostra de grande dimensão: Existem dados suficientes na amostra.

6.2.5 Terminologias envolvidas na Regressão Logística

Seguem-se algumas terminologias frequentemente utilizadas na regressão logística.

Variáveis independentes: Os factores de previsão ou caraterísticas de entrada que são utilizados para fazer previsões sobre a variável dependente.

Variável dependente: A variável que se está a tentar prever no modelo de regressão logística é designada por variável-alvo.

Função logística: As variáveis de entrada são convertidas pela função logística num valor de probabilidade que varia entre 0 e 1, o que indica a possibilidade de a variável dependente ser 1 ou 0.

Probabilidades: É a proporção entre o facto de algo acontecer e o facto de nada acontecer. É diferente de probabilidade, uma vez que esta última é o rácio entre a probabilidade de um acontecimento e todos os resultados possíveis.

Log-odds: O logaritmo normal das probabilidades é o log-odds, por vezes referido como a função logit. As probabilidades logarítmicas da variável dependente são modeladas na regressão logística como uma mistura linear dos factores independentes e da interceção.

Coeficiente: Os parâmetros calculados para o modelo de regressão logística ilustram a relação entre as variáveis dependentes e independentes.

Interceção: Um termo do modelo de regressão logística que, no caso de todas as variáveis independentes serem iguais a zero, representa o logaritmo das probabilidades.

Estimativa de máxima verossimilhança: O procedimento para estimar os coeficientes do modelo de regressão logística, que, dado o modelo, maximiza a hipótese de testemunhar os dados.

6.2.6 Vantagens:

- A regressão logística é um método de formação altamente eficaz e é mais simples de aplicar e analisar.
- Não assume nada relativamente às distribuições das classes do espaço de caraterísticas.
- Pode ser facilmente alargada a uma perspetiva probabilística natural de previsões de classes e de muitas classes (regressão multinomial).
- Fornece a direção da ligação (positiva ou negativa), bem como uma medida para a sua previsão de precisão (tamanho do coeficiente).
- Classifica registos desconhecidos muito rapidamente.
- Quando se trata de dados linearmente separáveis, funciona bem e atinge uma melhor precisão em vários pontos de dados simples.
- Em conjuntos de dados de elevada dimensão, a regressão logística pode ser menos propensa ao sobreajuste, mas continua a ter a capacidade de interpretar os parâmetros do modelo como marcadores da importância das caraterísticas. Nestas situações, pode pensar-se em utilizar estratégias de regularização (L1 e L2) para evitar o sobreajuste.

6.2.7 Desvantagens:

- A regressão logística não deve ser utilizada se o número de dados for inferior ao número de caraterísticas; se o fizer, pode provocar um sobreajuste.
- Cria limites que são lineares.
- A principal limitação da Regressão Logística é a sua dependência em assumir a linearidade entre as variáveis independentes e dependentes.
- A sua utilização está limitada à previsão de funções discretas. Como resultado, o conjunto de números discretos serve como limite para a variável dependente na regressão logística.
- A regressão logística não pode ser utilizada para resolver problemas não lineares, uma vez que possui uma superfície de decisão linear. As circunstâncias do mundo real raramente contêm dados que sejam linearmente separáveis.
- Para a regressão logística, é necessária a existência de colinearidade média ou não-multicolinearidade entre as variáveis independentes.
- Utilizar a regressão logística para obter correlações complexas é um desafio. As redes neuronais, que são mais pequenas e mais poderosas do que este algoritmo, podem facilmente superá-lo.
- As variáveis independentes e dependentes na regressão linear têm uma relação linear. No entanto, a relação linear entre as variáveis independentes e as probabilidades logarítmicas (log(p/(1-p)) é necessária para a Regressão Logística.

6.3 Máquina de vetor de suporte:

O SVM (support vetor machine) é um algoritmo de aprendizagem automática que determina as limitações dos pontos de dados de acordo com etiquetas, classes e resultados predefinidos. Utiliza modelos de aprendizagem supervisionados para resolver problemas complexos relacionados com a classificação, a regressão e a deteção de valores atípicos.

Os algoritmos de aprendizagem automática robustos, como a Máquina de Vectores de Suporte (SVM), são utilizados para tarefas como a regressão, a identificação de anomalias e a classificação linear ou não linear. A classificação de texto, a classificação de imagens, o reconhecimento de escrita manual, a deteção de spam, a deteção facial, a análise da expressão genética e a deteção de anomalias são apenas algumas das muitas aplicações das SVM. Uma vez que as SVM podem tratar dados de elevada dimensão e relações não lineares, são versáteis e eficazes numa vasta gama de aplicações.

Os algoritmos SVM funcionam incrivelmente bem quando tentam identificar o maior hiperplano de separação possível entre as várias classes presentes na caraterística alvo.

6.3.1 Algoritmo SVM:

As SVM, ou máquinas de vectores de suporte, são frequentemente aplicadas a questões de classificação. Ao identificarem o hiperplano ideal que maximiza a margem entre os pontos de dados mais próximos de classes opostas, são capazes de discriminar entre duas classes. Se o hiperplano for uma linha num espaço bidimensional ou um plano num espaço n-dimensional, é determinado pelo número de caraterísticas nos dados de entrada. O algoritmo encontra a fronteira de decisão óptima entre as classes maximizando a margem de pontos, uma vez que podem ser identificados vários hiperplanos para diferenciar as classes. Pode, por conseguinte, generalizar eficazmente para novos dados e produzir previsões de classificação precisas como resultado. Os vectores de apoio são as linhas que correm paralelamente ao hiperplano ideal e passam pelos pontos de dados para estabelecer a margem máxima.

Por ser capaz de lidar com tarefas de classificação lineares e não lineares, o algoritmo SVM é amplamente utilizado na aprendizagem automática. As funções de kernel são utilizadas para converter os dados num espaço de dimensão superior, a fim de facilitar a separação linear, embora nos casos em que os dados não possam ser separados linearmente. Esta utilização de funções de kernel é por vezes referida como o "truque do kernel". O caso de utilização específico e as propriedades dos dados determinam a função de kernel a aplicar - linear, polinomial, função de base radial (RBF) ou sigmoide.

6.3.4 Regressão de vectores de suporte (SVR)

Uma extensão das máquinas de vectores de apoio (SVM) utilizada para questões de regressão é designada por regressão de vectores de apoio (SVR) (ou seja, o seu resultado é contínuo). A SVR, que é amplamente utilizada para a previsão de séries temporais, localiza um hiperplano com o maior intervalo entre os pontos de dados, tal como as SVMs lineares.

Ao contrário da regressão linear, a SVR exige que se defina a relação entre as variáveis independentes e dependentes que se pretende compreender. Ao utilizar a regressão linear, é importante compreender as relações e orientações entre as variáveis. As SVRs não precisam disso porque descobrem essas relações por si próprias.

6.3.5 Vantagens da SVM

- Funciona bem em instâncias com dimensões elevadas.

- Como utiliza vectores de apoio, um grupo específico de pontos de treino da função de decisão, a sua memória é eficaz.

- Podem ser definidos kernels personalizados e uma variedade de funções de kernel para as funções de decisão.

6.4 Algoritmo K-Nearest Neighbors (KNN):

Utilizando a aprendizagem automática supervisionada, a técnica K-Nearest Neighbours (KNN) é utilizada para resolver problemas de regressão e classificação. Este algoritmo foi criado em 1951 por Joseph Hodges e Evelyn Fix e foi posteriormente aperfeiçoado por Thomas Cover.

Um dos métodos de classificação de aprendizagem automática mais fundamentais e importantes é o KNN. É muito utilizado na deteção de intrusões, extração de dados e reconhecimento de padrões e faz parte do domínio da aprendizagem supervisionada.

6.4.1 Algoritmo K-Nearest Neighbors

Uma vez que é não-paramétrico, o que significa que não considera quaisquer pressupostos implícitos sobre a distribuição dos dados (ao contrário de outros algoritmos como o GMM, que considera a distribuição gaussiana para um dado dado), é amplamente aplicável em circunstâncias da vida real

Dado um conjunto de pontos de dados (normalmente designados por dados de teste), atribui estes pontos a um grupo específico após analisar o conjunto de treino. Os pontos que não puderam ser claramente classificados estão marcados a "branco".

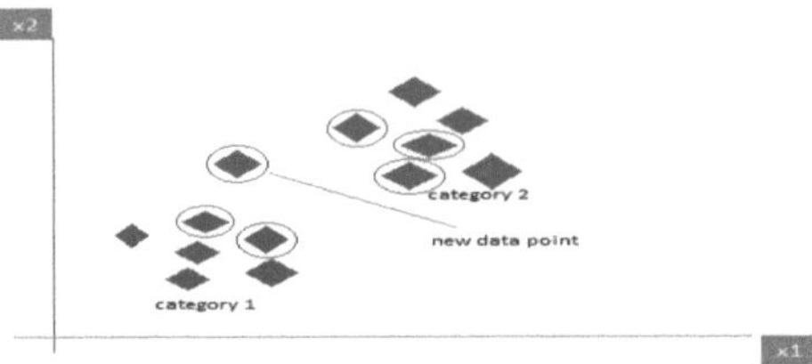

6.4.3 Necessidade do algoritmo KNN

Devido à sua simplicidade e facilidade de utilização, o método (K-NN) é uma técnica de aprendizagem automática popular e adaptável. Não são necessários pressupostos sobre a distribuição dos dados subjacentes. É uma opção versátil para uma série de tipos de conjuntos de dados em aplicações de classificação e regressão, uma vez que pode lidar tanto com dados categóricos como numéricos. Esta técnica não paramétrica baseia as suas previsões no grau de semelhança entre os pontos de dados de um determinado conjunto de dados. Em comparação, o K-NN é menos suscetível a outliers do que outros algoritmos.

O algoritmo K-NN localiza os K vizinhos mais próximos, utilizando uma métrica de distância como a distância euclidiana, para o ponto de dados selecionado. O voto global ou a média dos K vizinhos são então utilizados para estabelecer a classificação e o valor do item de dados. A utilização deste método permite ao algoritmo antecipar os resultados tendo em conta a estrutura local dos dados e ajustar-se a vários padrões.

6.4.4 Escolher o valor de k para o Algoritmo KNN

Ao definir o número de vizinhos no algoritmo KNN, o valor de k é muito importante. No algoritmo dos k-vizinhos mais próximos (k-NN), os dados de entrada devem ser utilizados para determinar o valor de k. Um valor mais elevado de k seria preferível se os dados de entrada contivessem mais ruído ou valores atípicos. A seleção de um número estranho para k é aconselhada para evitar empates na classificação. O melhor valor de k de um determinado conjunto de dados pode ser escolhido com a utilização de técnicas de validação cruzada.

6.4.5 Funcionamento do algoritmo KNN

Com base no princípio da semelhança, o método K-Nearest Neighbours (KNN) prevê o valor ou a etiqueta de um novo ponto de dados através das etiquetas ou valores dos seus K vizinhos mais próximos no conjunto de dados de treino.

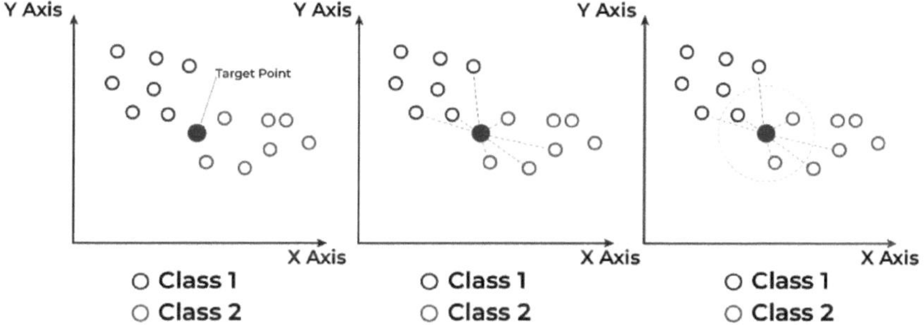

Passo 1: Seleção do valor ótimo de K

K é o número de vizinhos mais próximos que devem ser tidos em conta na previsão.

Passo 2: Calcular a distância

A distância euclidiana é utilizada para calcular a semelhança entre os pontos de dados alvo e de treino. Cada ponto de dados no conjunto de dados tem a sua distância ao ponto de destino estimada.

Passo 3: Encontrar os vizinhos mais próximos

Os vizinhos mais próximos são os k pontos de dados que têm a maior proximidade do ponto de destino.

Etapa 4: Votação para classificação ou obtenção de média para regressão

- O voto maioritário é utilizado para determinar as etiquetas das classes no problema de categorização. A classe de previsão para o ponto de dados alvo é a que tem a maior frequência entre os vizinhos.

- O rótulo da classe para o problema de regressão é determinado pela média dos valores dos objectivos dos K vizinhos mais próximos. O resultado previsto para o ponto de dados pretendido é o valor médio calculado.

Os K pontos de dados de X que estão mais próximos de x em termos de distância são selecionados pelo algoritmo. Quando se trata de tarefas de classificação, o algoritmo atribui a x a etiqueta y que aparece mais frequentemente entre os seus K vizinhos mais próximos. O valor projetado para x numa tarefa de regressão é determinado pelo método através da média, ou ponderação, dos valores y dos K vizinhos mais próximos.

6.4.6 Vantagens do algoritmo KNN

- **Simples de implementar** porque a complexidade do algoritmo não é demasiado elevada.

- **Adapta-se facilmente** - O algoritmo KNN funciona armazenando todos os dados na memória. Como resultado, sempre que uma instância ou ponto de dados adicional é fornecido, o algoritmo modifica-se automaticamente para ter em conta o novo exemplo e contribui para as previsões futuras.

- **Poucos hiper-parâmetros**: O valor de k e a métrica de distância que queremos selecionar da nossa métrica de avaliação são os únicos parâmetros necessários para treinar um algoritmo KNN.

6.4.7 Desvantagens do algoritmo KNN

- **Não é escalável**: Ouvimos dizer que o método KNN é igualmente classificado como um algoritmo preguiçoso. O principal significado deste termo reside no facto de requerer uma quantidade significativa de poder de processamento e armazenamento de dados. Por este motivo, este algoritmo consome muito tempo e recursos.
- A técnica KNN é afetada pela "maldição da dimensionalidade", que afirma que se a dimensionalidade se tornar grande, o algoritmo tem dificuldade em classificar corretamente os pontos de dados. Este fenómeno é também designado por "fenómeno de pico".

- **Propensão para o sobreajuste** - Para além de ser afetado pela maldição da dimensionalidade, o método também é vulnerável ao sobreajuste. Por conseguinte, para resolver este problema, são normalmente utilizadas abordagens de seleção de caraterísticas e de redução da dimensionalidade.

6.4.8 Aplicações do algoritmo KNN

Pré-processamento de dados: Antes de abordar qualquer tarefa de aprendizagem automática, efectuamos primeiro uma análise exploratória de dados (EDA). Se esta indicar que existem valores em falta nos dados, podemos utilizar uma das poucas técnicas de imputação disponíveis. A imputação KNN é uma dessas técnicas que funciona bem e é frequentemente aplicada a processos de imputação complexos.

Reconhecimento de padrões: Os algoritmos KNN são muito eficazes neste domínio. Se treinou um algoritmo e, posteriormente, efectuou o procedimento de avaliação, deve ter descoberto que a precisão do algoritmo é demasiado elevada.

Motores de recomendação: A principal função de um algoritmo KNN nos motores de recomendação é atribuir um novo ponto de consulta a um grupo já existente que foi estabelecido através da utilização de um vasto corpus de informação. Atribuir cada utilizador a um determinado grupo e depois fazer sugestões com base nas preferências desse grupo é precisamente o que os sistemas de recomendação precisam para funcionar.

6.5 Algoritmo K-Mean:

Uma abordagem de aprendizagem automática não supervisionada denominada K-Means Clustering divide o conjunto de dados não rotulado em vários clusters. O objetivo deste artigo é examinar os princípios e o funcionamento do agrupamento de médias k, bem como a sua aplicação.

6.5.1 K-means Clustering:

Ensinar o computador a aplicar material não classificado, não rotulado, e permitir que o algoritmo trabalhe nele sem supervisão é conhecido como aprendizagem automática não supervisionada. Neste cenário, a tarefa da máquina é organizar dados não selecionados com base em paralelismos, padrões e variações sem qualquer formação prévia dos dados.

6.5.2 Objetivo do agrupamento k-means:

Para tornar os pontos de dados dentro de cada grupo mais semelhantes entre si e distintos dos pontos de dados dentro dos outros grupos, a população ou conjunto de pontos de dados é dividida num certo número de grupos através do processo de agrupamento. Na sua essência, trata-se de uma classificação de objectos de acordo com a sua semelhança ou dissemelhança com outros.

6.5.3 Funcionamento do agrupamento k-means:

São-nos fornecidos itens de dados com caraterísticas específicas e valores para essas caraterísticas (como um vetor). A tarefa consiste em ordenar esses elementos em grupos. Para o efeito, é aplicado o método K-means, uma ferramenta de aprendizagem não supervisionada. O número de grupos ou clusters em que se pretende classificar os objectos é indicado pela letra "K" no nome do algoritmo. Considere os itens como pontos num espaço n-dimensional; isto ajudará. Os itens serão divididos em k grupos, ou clusters de similaridade, utilizando o algoritmo. A distância euclidiana é utilizada como medida para determinar essa semelhança.

6.5.4 Fluxo de trabalho do K-Mean:

1. Para começar, inicialize k pontos - também conhecidos como centróides ou médias de cluster - de forma aleatória.

2. Depois de classificar cada item com a média mais próxima, as coordenadas da média são actualizadas, o que indica que a média de todos os itens que foram categorizados nesse cluster está longe.

3. Após um número pré-determinado de repetições, o procedimento é repetido para obter os clusters.

Existem muitas alternativas para inicializar estas médias. Definir as médias para valores aleatórios no conjunto de dados é uma abordagem lógica. Uma abordagem alternativa envolve iniciar as médias em pontos aleatórios dentro dos limites do conjunto de dados. Por exemplo, se os itens de uma caraterística x tiverem o valor [0, 3], as médias com os valores de x começam em [0, 3].

6.5.5 Pseudocódigo:

```
Inicializar k médias com valores aleatórios
--> Para um determinado número de iterações:

  --> Iterar através dos itens:

    --> Encontrar a média mais próxima do item calculando
    a distância euclidiana do item com cada uma das médias

    --> Atribuir o item à média

    --> Atualizar a média, deslocando-a para a média dos itens nesse cluster
```

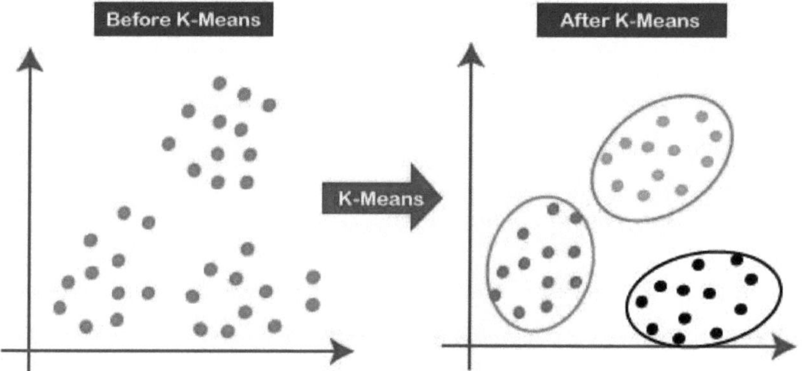

O processo é então repetido até que os centróides deixem de se mover visivelmente, com o algoritmo a recalcular o centróide de cada cluster de acordo com os pontos de dados que lhe são atribuídos.

Centroides e grupos

O centróide do cluster é a média de todos os seus pontos. Serve como centro do cluster e como símbolo de todo o grupo. Cada ponto de dados é atribuído pelo algoritmo ao centróide mais próximo, que estabelece o grupo do qual faz parte. O centróide de cada grupo é então recalculado pelo algoritmo usando os pontos de dados que foram atribuídos a ele. Até que os centróides deixem de se mover visivelmente, este processo é continuado.

Número de clusters

Um parâmetro crucial do método K-Means é o número de clusters. Este parâmetro estabelece o número de grupos que o algoritmo deve produzir. A seleção do número apropriado de clusters é crucial porque influencia a qualidade do agrupamento. O sub-ajustamento pode resultar da seleção de um número demasiado reduzido de clusters, enquanto o sobre-ajustamento pode ocorrer da seleção de um número demasiado elevado de clusters. A compreensão do domínio pode ajudar a determinar o número ideal de clusters.

Em conclusão, o agrupamento K-Means é um método eficaz para encontrar padrões nos dados. A aplicação correta desta técnica requer uma compreensão dos fundamentos do algoritmo, da função dos centróides e da importância de selecionar o número adequado de clusters.

6.5.6 Benefícios com o agrupamento K-Means

Uma técnica de aprendizagem automática não supervisionada muito apreciada para a deteção de padrões e a segmentação de dados é o agrupamento K-Means. Seguem-se algumas vantagens do agrupamento K-Means:

6.5.6.1 Eficiência

O agrupamento K-Means tem a reputação de ser eficaz. Pode lidar facilmente com grandes conjuntos de dados devido à sua complexidade de tempo linear. Como algoritmo de agrupamento não supervisionado, o K-Means fornece numerosos conhecimentos e vantagens quando utilizado para dados enormes não rotulados. É também um algoritmo mais rápido e mais eficaz quando utilizado em conjunto com a computação paralela para acelerar o processo.

6.5.6.2 Simplicidade

A simplicidade do agrupamento K-Means é uma das suas principais vantagens. A sua implementação e a identificação de grupos de dados desconhecidos a partir de conjuntos de dados complexos não é demasiado difícil. Ao contrário das Redes Neuronais, os resultados são apresentados de forma compreensível e direta, o que facilita a explicação dos resultados. Os algoritmos complicados não são necessários para obter rapidamente informações dos seus dados com o agrupamento K-Means.

6.5.6.3. Flexibilidade

O agrupamento K-Means tem uma técnica versátil que se adapta facilmente às mudanças. A modificação do segmento de agrupamento tornaria simples efetuar modificações algorítmicas em caso de problemas.

Devido à sua adaptabilidade, o agrupamento K-Means é a melhor opção para a identificação de padrões e segmentação de dados. É uma abordagem flexível que pode ser aplicada a uma variedade de cenários, uma vez que pode ser utilizada com várias métricas de distância e técnicas de arranque.

6.5.7. Desvantagens do agrupamento K-Means

Uma abordagem de aprendizagem automática muito apreciada para a segmentação de dados é o agrupamento K-Means. No entanto, apresenta alguns inconvenientes. Algumas das desvantagens do agrupamento K-Means são apresentadas nesta secção.

6.5.7.1. Sensibilidade a valores anómalos

Os valores anómalos podem causar problemas no agrupamento K-Means. Os pontos de dados que diferem visivelmente de outros pontos de dados do conjunto de dados são designados por outliers.

Os valores anómalos no agrupamento K-Means têm o potencial de distorcer os centróides dos agrupamentos, produzindo resultados de agrupamento pouco fiáveis. Assim, antes de utilizar o agrupamento K-Means, é fundamental pré-processar os dados para eliminar quaisquer valores anómalos.

6.5.7.2. Dependência da inicialização

A inicialização dos centróides de agrupamento é necessária para que ocorra o agrupamento K-Means. Os resultados finais do agrupamento podem ser fortemente influenciados pela colocação inicial dos centróides.

Os resultados de agrupamento abaixo do ideal podem surgir do agrupamento K-Means que converge para um mínimo local em vez do mínimo global devido a uma seleção descuidada da localização inicial do centróide. Por conseguinte, é fundamental selecionar criteriosamente as localizações iniciais dos centróides.

6.5.7.3. Limitações com formas de cluster

Assume-se que os agregados são esféricos e possuem a mesma variância no agrupamento K-Means. No entanto, as formas e as variâncias dos agregados podem diferir em conjuntos de dados reais.

Nestas circunstâncias, o agrupamento K-Means pode não ser capaz de representar com precisão a estrutura subjacente dos dados. Consequentemente, é fundamental considerar cuidadosamente o algoritmo de agrupamento em função das formas de agrupamento do conjunto de dados.

6.6 Classificadores Naïve Bayes

Um algoritmo de aprendizagem automática supervisionada utilizado para tarefas de classificação, como a classificação de texto, é o classificador Naïve Bayes. Além disso, é um membro da família dos algoritmos de aprendizagem generativa, o que significa que o seu objetivo é simular a distribuição de entrada de uma determinada classe ou categoria. Distingue-se dos classificadores discriminativos, como a regressão logística, pelo facto de não adquirir conhecimentos sobre os atributos mais importantes para a diferenciação das classes.

6.6.1 Avaliar o classificador Naïve Bayes

A representação gráfica de uma matriz de confusão, que apresenta os valores reais e previstos numa matriz, é um método de avaliação do classificador. De um modo geral, as linhas mostram os valores reais e as colunas mostram os valores previstos. Esta figura será frequentemente apresentada em guias como um gráfico 2 x 2, como o que se segue:

Confusion matrix

Actual classes		
Negative 0	True Negatives (TN)	False Positive (FP)
Positive 1	False Negative (FN)	True Positive (TP)
	Negative 0	Positive 1
	Predicted classes	

No entanto, seria gerado um gráfico 10 x 10 se estivéssemos a prever imagens de zero a nove. Para saber quantas vezes o classificador "confundiu" imagens de 4s com 9s, bastava olhar para a 4ª linha e a 9ª coluna.

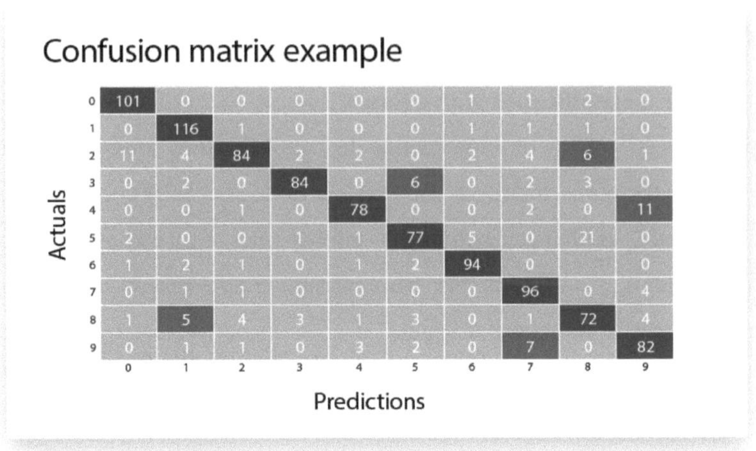

6.6.2 Tipos de classificadores Naïve Bayes

Existem diversas variedades de classificadores Naïve Bayes. Os intervalos dos valores caraterísticos distinguem as categorias mais comuns. Entre estas encontram-se algumas:

Gaussian Naïve Bayes (GaussianNB): Esta é uma variação do classificador Naïve Bayes, que trabalha com variáveis contínuas e distribuições Gaussianas, ou distribuições normais. A média e o desvio padrão de cada classe são encontrados para ajustar este modelo.

Multinomial Naïve Bayes (MultinomialNB): Presume-se que as caraterísticas deste tipo de classificador Naïve Bayes provêm de distribuições multinomiais. Esta variação é normalmente utilizada em casos de utilização do processamento de linguagem natural, como a classificação de spam, e é útil quando se trabalha com dados discretos, como contagens de frequências.

Bernoulli Naïve Bayes (BernoulliNB): Esta é uma versão adicional do classificador Naïve Bayes que é utilizada com variáveis booleanas, ou variáveis que têm dois valores possíveis, como Verdadeiro ou Falso ou 1 ou 0.

6.6.3 Vantagens e desvantagens do classificador Naïve Bayes

Vantagens

- **Menos complexo**: Pensa-se que o Naïve Bayes é um classificador mais simples do que os outros, uma vez que é mais fácil estimar os parâmetros. Por esse motivo, é um dos primeiros algoritmos ensinados nos cursos de ciência de dados e de aprendizagem automática.
- **É bem dimensionado**: Quando o pressuposto de independência condicional é cumprido, o Naïve Bayes é considerado um classificador rápido e eficaz que é razoavelmente exato em comparação com a regressão logística. Também requer menos espaço de armazenamento.
- **Pode tratar dados de elevada dimensão**: Os casos de utilização com várias dimensões, como a categorização de documentos, podem ser difíceis de tratar por vários classificadores.

Desvantagens:

- **Sujeito a frequência zero**: Quando uma variável categórica está ausente do conjunto de treino, a sua frequência é zero. Como ilustração, suponha que se tenta determinar o estimador de probabilidade máxima para a palavra "senhor" dada a classe "spam", mas a palavra "senhor" está ausente do conjunto de treino. Uma vez que este classificador multiplica todas as probabilidades condicionais em conjunto, a probabilidade neste cenário seria 0, o que também implica que a probabilidade posterior seria zero. É possível utilizar a suavização de Laplace para contornar este problema.

- **Pressuposto central irrealista**: Embora o pressuposto de independência condicional funcione bem em geral, há situações em que não se verifica, o que resulta em classificações incorrectas.

6.6.4 Aplicações do classificador Naïve Bayes

O Naïve Bayes é um dos vários algoritmos da coleção de algoritmos de extração de dados que convertem grandes quantidades de dados em informação significativa. Entre as utilizações do Naïve Bayes contam-se:

- **Filtragem de spam**: Uma das aplicações Naïve Bayes mais utilizadas e mencionadas na literatura é a classificação de spam.
- **Classificação de documentos**: A classificação de documentos e textos anda de mãos dadas. A classificação de conteúdos é outra aplicação de Naïve Bayes muito utilizada. Considere as secções que compõem um sítio Web de um meio de comunicação social. Cada categoria de conteúdo do sítio Web pode ser categorizada utilizando uma taxonomia de tópicos que tem em conta cada artigo individual. Na sua publicação de 1963, Federick Mosteller e David Wallace são reconhecidos por terem implementado a inferência Bayesiana pela primeira vez.
- **Análise de sentimentos**: Embora a análise de sentimentos seja um tipo diferente de categorização de texto, os profissionais de marketing utilizam-na frequentemente para compreender e medir melhor as atitudes e opiniões sobre determinadas marcas e produtos.

6.7 Algoritmo Apriori

O termo "algoritmo apriori" descreve o algoritmo que determina os princípios de associação entre objectos. Denota a relação entre dois ou mais objectos. Por outras palavras, o algoritmo apriori pode ser descrito como uma regra de associação que examina se os clientes do produto A também compraram o produto B.

A criação de uma regra de associação entre vários objectos é o principal objetivo do algoritmo apriori. A relação entre dois ou mais objectos é descrita pela regra de associação. Outro nome para o algoritmo Apriori é extração de padrões frequentes. A técnica Apriori é normalmente utilizada em bases de dados com um grande volume de transacções.

Para compreender melhor a ideia, veja-se um exemplo. É provável que já tenha visto que o vendedor da pizzaria serve um combo de pizza, refrigerante e pãezinhos. Quando um cliente compra determinados combos, ele também dá um desconto. Já se perguntou porque é que ele age desta forma? Ele acredita que as pessoas que compram piza também compram pãezinhos e refrigerantes. No entanto, simplifica as coisas para os clientes ao criar combos. Ao mesmo tempo, melhora o seu desempenho em termos de vendas.

6.7.1 Regra de associação

O termo "algoritmo apriori" descreve um algoritmo de extração que encontra regras de associação importantes e conjuntos de produtos que ocorrem frequentemente. O método apriori é normalmente executado numa base de dados com múltiplas transacções em massa. A título de exemplo, os produtos que os compradores adquirem num Big Bazar. O algoritmo Apriori facilita aos compradores a compra dos produtos que desejam e aumenta as vendas nesse retalhista específico.

6.7.2 Componentes do algoritmo Apriori

O algoritmo apriori é composto pelos três elementos seguintes.

1. Apoio
2. Confiança

3. Elevador

Vejamos uma ilustração para compreender melhor esta ideia.

Suponha que 4000 clientes efectuaram transacções num Grande Bazar. Eles precisam de calcular a Elevação, a Confiança e o Apoio para dois produtos - por exemplo, chocolate e bolachas. Isto deve-se ao facto de os compradores comprarem normalmente estes dois produtos em conjunto.

400 das 4000 transacções têm biscoitos e 600 das 600 transacções têm chocolate, sendo que 200 das 600 transacções contêm chocolate e biscoitos. O apoio, a confiança e a elevação podem ser determinados utilizando estes dados.

i. Apoio

Suporte é o termo para a popularidade inerente de um produto. O apoio pode ser encontrado como um quociente do número de transacções dividido pelo número total de transacções que constituem esse produto. Assim,

Apoio (Bolachas) = (Transacções relativas a bolachas) / (Total de transacções)

= 400/4000 = 10 por cento.

ii. Confiança

A probabilidade de o cliente ter comprado os chocolates e as bolachas ao mesmo tempo é designada por confiança. Para obter a confiança, é necessário dividir a quantidade total de transacções pelo número de transacções que incluem chocolates e biscoitos. Portanto,

Confiança = (Transacções relativas a bolachas e chocolate) / (Total de transacções envolvendo bolachas)

= 200/400

= 50 por cento.

Isto significa que 50 por cento dos clientes que compraram bolachas compraram também chocolates.

iii. Elevador

O termo "lift" descreve o aumento da proporção das vendas de chocolate em relação às vendas de bolachas. As fórmulas matemáticas de aumento são apresentadas de seguida.

Elevação = (Confiança (Bolachas - chocolates)/ (Apoio (Bolachas)

= 50/10 = 5

Isto indica que a probabilidade de alguém comprar chocolates e biscoitos em conjunto é cinco vezes superior à probabilidade de alguém comprar biscoitos isoladamente. É pouco provável que as pessoas comprem as duas coisas em conjunto se o valor de elevação for inferior a um. A combinação é melhor quando o valor é maior.

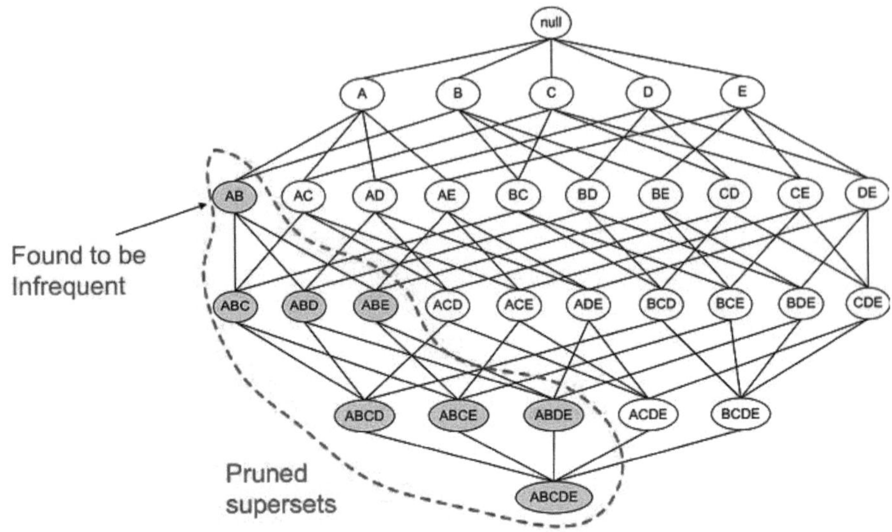

É necessária uma estratégia de baixo para cima. Começa por analisar cada um dos itens da lista de conjuntos de itens. De seguida, utiliza-se a auto-ligação para gerar os candidatos. Um a um, os conjuntos de itens vão aumentando. Em cada passo, é efectuado o teste de subconjuntos e os conjuntos de itens com subconjuntos pouco frequentes são cortados. Até não ser possível obter mais conjuntos de itens bem sucedidos a partir dos dados, o processo é repetido.

Pseudocódigo

```
L1={frequent 1-itemsets};
for (k=2; Lk-1 ≠ 0; k++) do begin
    Ck=apriori-gen(Lk-1);
    for each transactions t ∈D do begin //scan DB
     Ct=subset(Ck, t) //get the subsets of t that are candidates
     for each candidate c ∈Ct do
          c.count++;
    end
    Lk={c ∈Ck | c.count ≥ minsup}
end
Answer=∪kLk;
```

6.7.3 Melhorar a eficiência do Algoritmo Apriori:

São utilizadas várias técnicas para avaliar a eficiência do algoritmo Apriori.

Contagem de conjuntos de itens com base em hash

Os k-itens que têm um valor de balde de hashing equivalente é inferior ao limiar é um conjunto de itens pouco frequente e deve ser omitido quando se utiliza a contagem de conjuntos de itens baseada em hash.

Redução das transacções

Os k-itens que têm um valor de balde de hashing equivalente é inferior ao limiar é um conjunto de itens pouco frequente e deve ser omitido quando se utiliza a contagem de conjuntos de itens baseada em hash.

Algoritmo Apriori na extração de dados

A geração de conjuntos de itens frequentes e os algoritmos apriori estão ligados. O algoritmo apriori é muito utilizado na extração de dados. A seguir, são enumeradas as condições essenciais para a localização de regras de associação na extração de dados.

Utilizar a força bruta

Determinar os níveis de apoio e de confiança para cada regra, analisando as outras. Os valores que estão abaixo dos níveis de suporte e confiança devem ser eliminados.

As abordagens em duas fases

Encontrar as regras de associação usando um processo de duas etapas é preferível a usar o método de força bruta.

Passo 1

Neste artigo, já abordámos como criar a tabela de frequência e descobrir quais os conjuntos de itens que têm mais apoio do que o apoio limite.

Passo 2

É necessário utilizar uma divisão binária dos conjuntos de itens que ocorrem frequentemente para gerar regras de associação. Devem ser selecionadas as pessoas com os níveis de confiança mais elevados.

Agora, descobrimos todas as regras utilizando o RPO.

RP-O, RO-P, PO-R, O-RP, P-RO, R-PO

Existem seis combinações diferentes. Por conseguinte, se tiver n elementos, haverá 2^n - 2 regras de associação candidatas.

6.7.4 Importância do Algoritmo Apriori

- Melhora a eficácia das hipóteses de pesquisa
- Melhora o desempenho da identificação de conjuntos frequentes
- A redução improvisada de transacções elimina os conjuntos menos comuns em análises posteriores.
- Contém contagem baseada em hashes.
- Facilita o processo de criação de interesses do utilizador.
- Define o significado de vários conjuntos de itens.
- O recurso de suporte ajuda a identificar vários níveis de significância dentro de conjuntos de itens.
- A redução de conjuntos de itens insuficientes ajuda a poupar espaço de armazenamento.
- Maior eficiência e precisão algorítmica.
- Funciona bem com a aprendizagem supervisionada.

6.7.5 Aplicações que utilizam o algoritmo Apriori

- No domínio da medicina, é utilizado para identificar os medicamentos dos pacientes, classificando as reacções adversas a medicamentos com base em determinadas caraterísticas.
- Lojas de retalho de comércio eletrónico.
- Utilizado para prever ocorrências naturais em sistemas hidrológicos.
- Aplicado à investigação sobre a diabetes
- Seleção do curso pelo aluno na plataforma de aprendizagem eletrónica.
- Aplicado na gestão de stocks.

6.7.6 Vantagens do Algoritmo Apriori

- Os grandes conjuntos de itens são calculados com esta ferramenta.
- Fácil de compreender e utilizar

6.7.7. Desvantagens dos algoritmos Apriori

- Uma vez que o algoritmo Apriori tem de percorrer toda a base de dados, encontrar apoio com ele é um processo dispendioso.
- O custo computacional aumenta quando é necessário um grande número de regras candidatas.

6.8 Floresta aleatória:

Uma técnica popular de aprendizagem de conjuntos para classificação, regressão e outros problemas é designada por florestas aleatórias ou florestas de decisão aleatórias. Funciona através da construção de um grande número de árvores de decisão durante a fase de formação. A classe que a maioria das árvores escolhe é o resultado da floresta aleatória para problemas de classificação. A sua versatilidade e facilidade de utilização, combinadas com a sua capacidade de lidar com problemas de regressão e de classificação, impulsionaram a sua popularidade. Leo Breiman e Adele Cutler são os detentores da marca registada da popular técnica de aprendizagem automática conhecida como "floresta aleatória", que agrega os resultados de várias árvores de decisão para produzir um único resultado. A sua versatilidade e facilidade de utilização, combinadas com a sua capacidade de lidar com problemas de regressão e classificação, impulsionaram a sua popularidade.

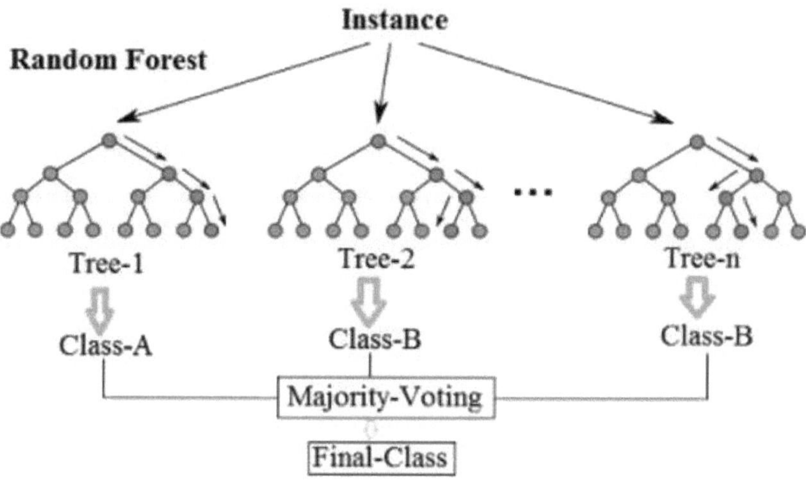

6.8.1 Árvores de decisão

Dado que o modelo de floresta aleatória consiste em várias árvores de decisão, pode ser benéfico começar com uma breve explicação do algoritmo da árvore de decisão. Os rótulos das classes para o problema de categorização desta árvore de decisão são "surfar" e "não surfar".

Apesar de ser um algoritmo popular de aprendizagem supervisionada, as árvores de decisão têm muitos inconvenientes, incluindo enviesamento e sobreajuste. No entanto, para um algoritmo de floresta aleatória, quando várias árvores de decisão se juntam para formar um conjunto, prevêem resultados mais exactos, especialmente quando as árvores individuais não têm correlação entre si.

6.8.2 Algoritmo de floresta aleatória

Ao combinar a aleatoriedade das caraterísticas com o ensacamento, o algoritmo de floresta aleatória constrói uma floresta não correlacionada de árvores de decisão, que é uma extensão da técnica de ensacamento. A aleatoriedade das caraterísticas - também designada por "método do subespaço aleatório" ou ensacamento de caraterísticas - produz uma seleção aleatória de caraterísticas que garante uma baixa correlação entre as árvores de decisão. Uma das principais distinções entre florestas aleatórias e árvores de decisão é a seguinte. As florestas aleatórias selecionam apenas uma parte das caraterísticas que podem dividir, enquanto as árvores de decisão têm em conta todas as divisões possíveis.

Voltando ao cenário "devo surfar?", o meu conjunto de perguntas para descobrir a previsão pode não ser tão exaustivo como o de outra pessoa. Podemos fazer previsões mais exactas reduzindo a probabilidade de sobreajuste, enviesamento e variância total, tendo em conta toda a variabilidade possível nos dados.

Os três principais hiper-parâmetros dos algoritmos de floresta aleatória devem ser estabelecidos antes do treino. Estes consistem no tamanho dos nós, na contagem de árvores e na quantidade de caraterísticas amostradas. Os problemas de regressão e classificação podem então ser resolvidos utilizando o classificador de floresta aleatória.

Cada árvore de decisão no conjunto de árvores de decisão utilizadas na técnica de floresta aleatória é composta por uma amostra bootstrap, que é uma amostra de dados retirada de um conjunto de treino com substituição. Um terço dessa amostra de treinamento - chamada de "amostra fora do saco" - é reservado como dados de teste.

O ensacamento de caraterísticas é então utilizado para introduzir mais uma aleatorização, aumentando a variedade do conjunto de dados e diminuindo a correlação da árvore de decisão. A determinação da previsão muda consoante o tipo de problema. As árvores de decisão individuais num trabalho de regressão serão calculadas como média e, num trabalho de classificação, a classe prevista será determinada por um voto maioritário ou pela variável categórica mais comum. A previsão é então finalizada usando a amostra para validação cruzada.

6.8.3 Benefícios e desafios da floresta aleatória

Quando aplicada a questões de classificação ou regressão, a técnica de floresta aleatória tem várias vantagens importantes, bem como alguns inconvenientes. Entre eles, destacam-se alguns:

Principais benefícios

Redução do risco de sobreajuste: Como as árvores de decisão gostam de se ajustar a cada amostra do conjunto de treinamento o mais próximo possível, elas podem se ajustar em excesso. No entanto, o classificador não se ajustará excessivamente ao modelo quando houver um grande número de árvores de decisão em uma floresta aleatória, pois a média das árvores não correlacionadas reduz a variância total e o erro de previsão.

Oferece flexibilidade: Os cientistas de dados utilizam frequentemente a floresta aleatória porque é uma abordagem precisa tanto para problemas de regressão como de classificação. Este classificador de floresta aleatória é uma técnica útil para adivinhar valores em falta, uma vez que o ensacamento de caraterísticas preserva a precisão mesmo nos casos em que alguns dos dados estão em falta.

Fácil de determinar a importância das caraterísticas: A floresta aleatória simplifica a avaliação da importância da variável, ou a contribuição para o modelo. O valor de uma caraterística pode ser avaliado de várias formas. O grau em que a precisão do modelo diminui quando uma determinada variável é removida é frequentemente medido utilizando as métricas de importância Gini e redução média da impureza (MDI). Mas outra medida de importância é a importância da permutação, ou precisão de redução média, ou MDA. Ao alterar aleatoriamente os valores das caraterísticas nas amostras, a MDA determina a redução média da precisão.

6.8.4 Principais desafios

Processo moroso: Os algoritmos de floresta aleatória podem produzir previsões mais exactas, uma vez que podem lidar com grandes conjuntos de dados, mas o processamento de dados pode ser lento porque têm de calcular os dados para cada árvore de decisão separadamente.

Requer mais recursos: As florestas aleatórias necessitam de uma maior capacidade para armazenar os dados, uma vez que processam conjuntos de dados maiores.

Mais complexa: Em comparação com a floresta de árvores de decisão, a previsão de uma única árvore é mais simples de compreender.

6.8.5Aplicações de florestas aleatórias

Vários sectores têm utilizado este algoritmo de floresta aleatória para os ajudar a tomar melhores decisões comerciais. Entre os casos de uso estão:

Finanças: Como reduz o tempo investido na gestão de dados e nas actividades de pré-processamento, este algoritmo é preferido em relação a outros. Pode ser utilizado para avaliar candidatos a crédito de alto risco, identificar fraudes e identificar problemas com o preço das opções.

Cuidados de saúde: A abordagem da floresta aleatória é útil em biologia computacional, permitindo aos profissionais médicos abordar questões como a anotação de sequências, a classificação da expressão genética e a identificação de biomarcadores. Os médicos podem assim estimar as respostas farmacológicas a determinados medicamentos.

Comércio eletrónico: Podem ser utilizados motores de recomendação e estratégias de venda cruzada.

6.9 Redução de dimensionalidade:

O objetivo da redução da dimensionalidade é minimizar o número de caraterísticas, ou dimensões, num conjunto de dados, preservando a quantidade máxima de informação. Isto pode ser feito por muitas razões diferentes, tais como simplificar um modelo, aumentar a eficiência de um algoritmo de aprendizagem ou tornar os dados mais fáceis de visualizar.

6.9.1 Técnica de redução de dimensionalidade:

O objetivo da redução da dimensionalidade é minimizar a quantidade de caraterísticas do conjunto de dados, preservando a maioria dos dados pertinentes. Dito de outra forma, é o processo de conversão de dados de elevada dimensão num espaço de dimensão inferior, mantendo as caraterísticas essenciais dos dados de origem.

Os dados de elevada dimensão na aprendizagem automática referem-se a dados que têm muitas caraterísticas ou variáveis. Um problema predominante na aprendizagem automática é conhecido como a "maldição da dimensionalidade", que afirma que o desempenho de um modelo diminui com o aumento do número de caraterísticas. Isto deve-se ao facto de, à medida que o número de caraterísticas do modelo aumenta, também aumenta a sua complexidade, tornando mais difícil encontrar uma solução viável. A elevada dimensionalidade dos dados também pode resultar em sobreajuste, um fenómeno em que o modelo se ajusta demasiado bem ao conjunto de treino e tem um desempenho fraco quando aplicado a dados novos.

A redução da dimensionalidade pode atenuar estes problemas, tornando o modelo mais simples e aumentando a sua capacidade de generalização. Os dois principais métodos para reduzir a dimensionalidade são a extração de caraterísticas e a seleção de caraterísticas.

6.9.2 Seleção de caraterísticas:

O processo de seleção de caraterísticas implica decidir que subconjuntos de caraterísticas originais são mais pertinentes para a questão atual. O objetivo é preservar as caraterísticas mais significativas e, ao mesmo tempo, diminuir a dimensionalidade do conjunto de dados. As abordagens de filtragem, de envolvimento e de incorporação são algumas das técnicas disponíveis para a seleção de caraterísticas. O desempenho do modelo é utilizado pelas técnicas de envolvimento, os métodos de integração integram a seleção de caraterísticas com o treino do modelo e os métodos de filtragem classificam as caraterísticas de acordo com a sua importância para a variável-alvo.

6.9.3 Extração de caraterísticas:

A extração de caraterísticas é o processo de fusão ou modificação das caraterísticas originais para produzir novas caraterísticas. O objetivo é criar uma coleção de caraterísticas num espaço de dimensão inferior que encapsule o espírito dos dados originais. Existem várias técnicas disponíveis para a extração de caraterísticas, como a incorporação de vizinhos estocásticos distribuídos em t (t-SNE), a análise de componentes principais (PCA) e a análise discriminante linear (LDA). Com o objetivo de manter a maior variância possível, a PCA é uma abordagem amplamente utilizada que projecta as caraterísticas originais num espaço de dimensão inferior.

6.9.4 Importância da redução da dimensionalidade na aprendizagem automática e na modelação preditiva

Uma forma fácil de ilustrar a redução da dimensionalidade é dar uma vista de olhos a um problema básico de classificação de correio eletrónico, no qual se determina se um correio eletrónico é spam ou não. Isto pode incluir uma vasta gama de elementos, incluindo o conteúdo da mensagem de correio eletrónico, a utilização de um modelo e o facto de ter ou não um título genérico. Alguns destes atributos podem, no entanto, ser semelhantes. Num cenário diferente, um problema de classificação que depende tanto da precipitação como da humidade pode ser reduzido a uma única caraterística subjacente devido à forte correlação entre as duas.

Isto poderia, por conseguinte, diminuir a quantidade de caraterísticas neste tipo de problemas. Enquanto um problema 2-D pode ser mapeado para um espaço bidimensional simples e um problema 1-D para uma linha simples, um desafio de classificação 3-D pode ser difícil de visualizar. Esta ideia é mostrada na figura abaixo, onde um espaço de caraterísticas 3-D é dividido em dois espaços de caraterísticas 2-D. Se mais tarde se mostrar que os dois espaços de caraterísticas estão associados, o número de caraterísticas pode ser ainda mais reduzido.

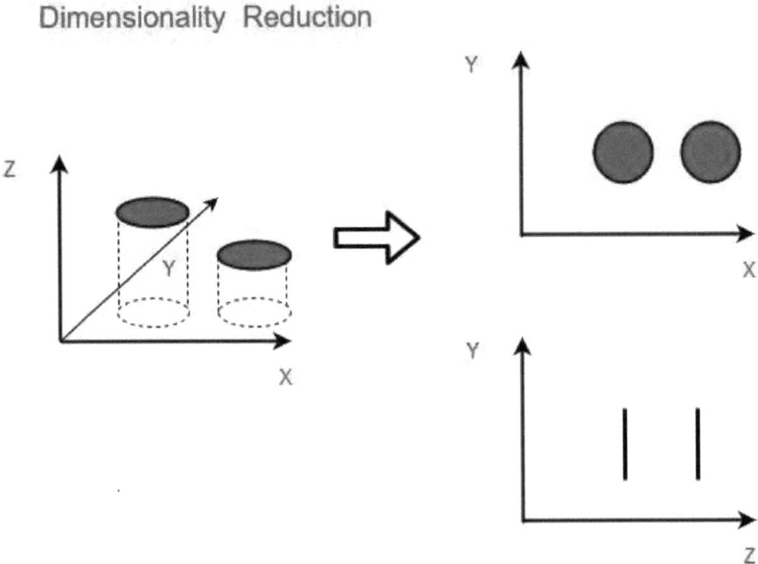

As duas partes da redução da dimensionalidade são as seguintes:

Seleção de caraterísticas: O objetivo aqui é identificar um subconjunto do conjunto inicial de variáveis, ou caraterísticas, de modo a obter um subconjunto mais manejável que possa ser utilizado para modelar o problema. Normalmente, há três etapas envolvidas:

1. Filtro
2. Invólucro
3. Incorporado

Extração de caraterísticas: Ao fazê-lo, os dados num espaço de elevada dimensão são reduzidos para um espaço de dimensão inferior, ou um espaço com menos dimensões.

6.9.5 Métodos de redução de dimensionalidade

Os vários métodos utilizados para a redução da dimensionalidade incluem:

- Análise de componentes principais (PCA)
- Análise Discriminante Linear (LDA)
- Análise Discriminante Generalizada (GDA)

Dependendo da abordagem, a redução da dimensionalidade pode ser linear ou não linear. Segue-se uma discussão sobre a análise de componentes principais, ou PCA, que é um método linear de primeira ordem.

Análise de componentes principais

Karl Pearson introduziu esta técnica. Funciona com o requisito de que a variância dos dados no espaço de dimensão inferior deve ser máxima, mesmo quando os dados de um espaço de dimensão superior são mapeados para dados de um espaço de dimensão inferior.

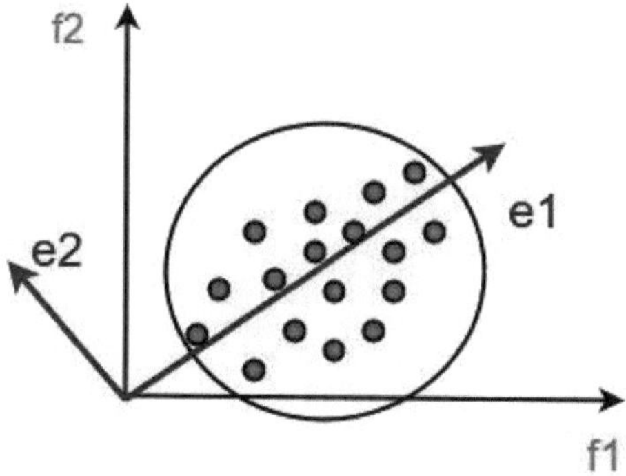

Estão envolvidas as seguintes acções:

- Criar a matriz de covariância dos dados.
- Encontre os vectores próprios desta matriz.
- Uma parte significativa da variância dos dados originais é reconstruída utilizando vectores próprios que correspondem aos maiores valores próprios.

Como resultado, fica com menos vectores próprios e pode ter ocorrido mais perda de dados durante o processo. No entanto, os restantes vectores próprios devem reter as variâncias mais significativas.

6.9.6 Vantagens da redução da dimensionalidade

- Contribui para a compressão de dados, o que reduz a necessidade de espaço de armazenamento.
- O tempo de cálculo é reduzido.
- Também ajuda a eliminar quaisquer elementos supérfluos.
- **Melhor visualização**: Pode ser difícil visualizar dados de elevada dimensão, mas as técnicas de redução da dimensionalidade podem tornar os dados mais fáceis de compreender e analisar, permitindo a sua visualização em 2D ou 3D.
- **Evitar o sobreajuste**: Os modelos de aprendizagem automática que são demasiado ajustados devido à maior dimensionalidade dos dados podem ter um desempenho fraco no que diz respeito à generalização. Ao diminuir a complexidade dos dados, a redução da dimensionalidade pode ajudar a evitar o sobreajuste.
- **Extração de caraterísticas**: A redução das dimensões dos dados pode ajudar na extração de caraterísticas significativas de dados de elevada dimensão, o que é benéfico para a seleção de caraterísticas para modelos de aprendizagem automática.

- **Pré-processamento de dados**: Antes de utilizar métodos de aprendizagem automática, a redução da dimensão pode ser aplicada na fase de pré-processamento para diminuir a dimensionalidade dos dados e melhorar o desempenho do modelo.
- **Desempenho melhorado**: Ao simplificar os dados e, consequentemente, reduzir o ruído e as informações supérfluas, a redução da dimensionalidade pode ajudar a melhorar a eficiência dos modelos de aprendizagem automática.

6.9.7 Desvantagens da redução da dimensionalidade

- Como resultado, poderá haver alguma perda de dados.
- Nem sempre é ideal que a ACP encontre relações lineares entre variáveis.
- Quando a média e a covariância são insuficientes para descrever os conjuntos de dados, a ACP falha.
- Embora não exista um número definido de componentes principais a manter, existem algumas diretrizes gerais que são seguidas.
- **Interpretabilidade**: Pode ser difícil ler as dimensões reduzidas e compreender a forma como as dimensões reduzidas se relacionam com as caraterísticas originais.
- **Sobreajuste**: O sobreajuste pode ocasionalmente resultar da redução da dimensionalidade, particularmente se o número de caraterísticas for selecionado utilizando dados de treino.
- **Sensibilidade a valores anómalos**: Uma representação enviesada dos dados pode resultar da sensibilidade de alguns algoritmos de redução da dimensionalidade a valores anómalos.
- **Complexidade computacional**: Uma representação enviesada dos dados pode resultar da sensibilidade de alguns algoritmos de redução da dimensionalidade a valores anómalos.

6.10 Reforço de gradiente

Gradiente Na aprendizagem automática, o boosting é um algoritmo de boosting muito apreciado que é aplicado a problemas de regressão e classificação. Um tipo de técnica de aprendizagem de conjuntos é designado por "boosting", em que o modelo é treinado sucessivamente, com cada novo modelo a tentar melhorar o anterior. Transforma uma série de aprendizes ineficazes em aprendizes eficazes. Os dois algoritmos de boosting mais utilizados são

1. AdaBoost
2. Reforço de gradiente

Reforço de gradiente

Com a descida do gradiente, cada novo modelo é treinado para minimizar a função de perda, que pode ser o erro quadrático médio ou a entropia cruzada do modelo anterior. O gradient boosting é um procedimento de boosting potente que transforma vários alunos fracos em alunos fortes.

A abordagem calcula o gradiente da função de perda em relação às previsões do conjunto atual para cada iteração e treina novamente o modelo adicional mais fraco para minimizar este gradiente. Em seguida, as previsões do novo modelo são incluídas no conjunto, e o procedimento é continuado até que um requisito de paragem seja satisfeito.

Ao contrário do AdaBoost, cada previsão é treinada usando erros residuais do modelo anterior como rótulos, em vez de ajustar os pesos das instâncias de treinamento. Um método conhecido como Gradient Boosted Trees utiliza CART (Classification and Regression Trees) como base de aprendizagem.

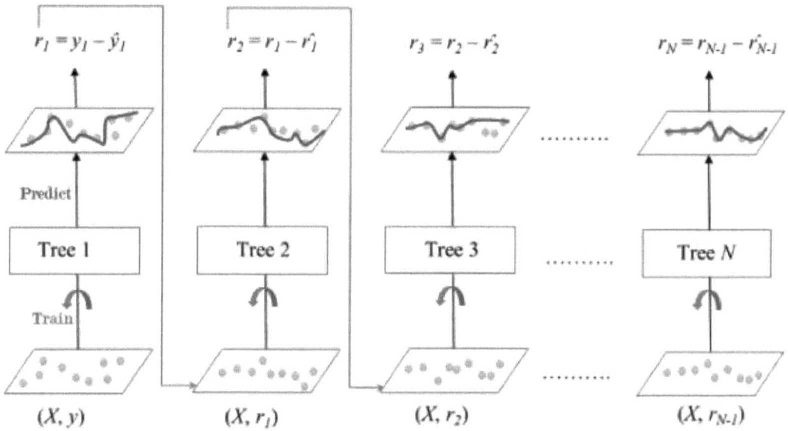

O grupo é composto por M árvores. As etiquetas y e a matriz de caraterísticas X são utilizadas para treinar a Árvore1. Os erros residuais do conjunto de treino, r1, são encontrados utilizando as previsões rotuladas y1 (chapéu). Depois disso, a Árvore2 é treinada com as etiquetas dos erros residuais da Árvore1, r1, e a matriz de caraterísticas X. O r2 residual é então determinado utilizando os resultados previstos, r1 (chapéu). Até que todas as M árvores do conjunto sejam treinadas, o procedimento é repetido. Este método utiliza um parâmetro crucial chamado encolhimento. O termo "retração" descreve a forma como a previsão de cada árvore do conjunto diminui depois de ser multiplicada pela taxa de aprendizagem (eta), que varia entre 0 e 1. O número de estimadores e eta têm um compromisso; para atingir um determinado nível de desempenho do modelo, uma diminuição da taxa de aprendizagem deve ser compensada por um aumento dos estimadores. As previsões são possíveis agora que todas as árvores foram ensinadas.

6.10.1 Vantagens do Gradient Boosting:

- Oferece frequentemente uma precisão de previsão inigualável.
- **Muita flexibilidade** - tem a capacidade de otimizar muitas funções de perda e oferece uma série de opções de afinação de hiperparâmetros, dando à função de ajuste uma grande flexibilidade.
- **Não é necessário pré-processamento de dados** - funciona bem com valores numéricos e de categoria na maioria dos casos.
- **Trata os dados em falta** - a imputação não é necessária.

6.10.2 Desvantagens:

- Para reduzir todas as falhas, os modelos de otimização de gradiente continuariam a melhorar. Isto pode levar a um sobreajuste e a uma ênfase excessiva nos valores anómalos.
- **Computação dispendiosa**: Frequentemente requerendo numerosas árvores (>1000), este pode ser um processo que consome muito tempo e memória.
- Como resultado do elevado grau de flexibilidade, uma variedade de parâmetros (tais como os parâmetros de regularização, a profundidade da árvore e o número de iterações) interagem e afectam significativamente o comportamento da técnica. Durante a afinação, é necessária uma pesquisa em grelha maciça para o efeito.
- Carácter menos interpretativo, embora outras técnicas o possam fazer facilmente.

7. Referências:

1. Neapolitan, R. E., & Jiang, X. (2018). *Inteligência artificial: Com uma introdução à aprendizagem automática*. CRC Press.

2. Campesato, O. (2020). *Inteligência artificial, aprendizagem automática e aprendizagem profunda*. Mercúrio Aprendizagem e Informação.

3. Ertel, W. (2018). *Introdução à inteligência artificial*. Springer.

4. Michalski, R. S., Carbonell, J. G., & Mitchell, T. M. (2014). *Aprendizagem de máquinas: Uma Abordagem de Inteligência Artificial (Volume I)* (Vol. 1). Elsevier.

5. Mehrotra, D. (2019). *Noções básicas de inteligência artificial e aprendizagem de máquinas*. Notion Press.

6. Akerkar, R. (2014). *Introdução à inteligência artificial*. PHI Learning Pvt. Ltd.

7. Marwala, T. (2019). *Manual de aprendizagem automática: Volume 1: Fundação da inteligência artificial*.

8. Kühl, N., Schemmer, M., Goutier, M., & Satzger, G. (2022). Inteligência artificial e aprendizagem automática. *Mercados electrónicos*, *32*(4), 2235-2244.

9. Engelbrecht, A. P. (2007). *Inteligência computacional: uma introdução.* John Wiley & Sons.

10. Mellit, A., & Kalogirou, S. (2022). Técnicas de inteligência artificial: algoritmos de aprendizagem automática e aprendizagem profunda. *Manual de técnicas de inteligência artificial em sistemas fotovoltaicos*, 43-83.

11. Jayanthi, P. (2022). Algoritmos de aprendizagem automática e aprendizagem profunda na previsão de doenças: Tendências futuras para o sistema de saúde. Em *Deep Learning for Medical Applications with Unique Data* (pp. 123-152). Imprensa académica.

12. Yeturu, K. (2020). Algoritmos, aplicações e práticas de aprendizagem automática na ciência dos dados. Em *Handbook of statistics* (Vol. 43, pp. 81-206). Elsevier.

13. Michalski, R. S., Carbonell, J. G., & Mitchell, T. M. (Eds.). (2013). *Machine learning: Uma abordagem de inteligência artificial*. Springer Science & Business Media.

14. Helskyaho, H., Yu, J., Yu, K., Helskyaho, H., Yu, J., & Yu, K. (2021). Introdução ao aprendizado de máquina. *Aprendizado de máquina para profissionais de banco de dados Oracle: Implantando aplicativos orientados por modelos e pipelines de automação*, 1-22.

Printed by Books on Demand GmbH, Norderstedt / Germany